LES
VINS NOUVEAUX

DU MIDI ET DU NORD

ou

L'Art de les couper, colorer,
désacidifier, bonifier, vieillir, clarifier; de
supprimer le plâtrage et le vinage,

PAR V.-F. LEBEUF

Membre de plusieurs sociétés agricoles et savantes

PARIS

LIBRAIRIE AGRICOLE DE LA MAISON RUSTIQUE
26, RUE JACOB, 26
1861

LES

VINS NOUVEAUX

DU MIDI ET DU NORD

Paris. — Typ. Gaittet, rue Cit-le-Cœur, 5 et 7.

LES
VINS NOUVEAUX

DU MIDI ET DU NORD

OU

**L'Art de les couper, colorer,
désacidifier, bonifier, vieillir, clarifier ; de
supprimer le plâtrage et le vinage,**

PAR V.-F. LEBEUF

Membre de plusieurs sociétés agricoles et savantes

PARIS

LIBRAIRIE AGRICOLE DE LA MAISON RUSTIQUE
26, RUE JACOB, 26

1861

INTRODUCTION

Depuis la publication de notre *Traité de l'amélioration des liquides*, on nous a posé un si grand nombre de questions par correspondance, que nous nous sommes décidé à publier ce petit opuscule pour y répondre.

Les vins du nord, de 1860, sont d'une si mauvaise qualité qu'il est presque impossible de les boire en nature et même de les employer aux coupages avec des vins vieux. D'autre part, il est certain qu'ils ne se conserveront qu'à l'aide de soins particuliers. On trouvera donc dans cette brochure tout ce qui peut être utile en cette circonstance pour ces vins et pour ceux qui seront dans des conditions analogues dans l'avenir.

La coloration et le coupage (mélange) des vins sont pratiqués depuis longtemps; mais ils sont diversement appréciés. La coloration, notamment, se fait et s'interprète de toutes manières ; elle se fait souvent sans soins et avec des matières plus ou moins propres à cet usage. Puis, un grand nombre de personnes se font une fausse idée des droits du vendeur : les uns s'imaginent pouvoir opérer sans restriction, les autres pensent tout le contraire. Nous avons traité rapidement ces deux points si importants du commerce des vins.

Nous donnons succinctement la théorie et la pratique de la clarification, ainsi que les moyens d'améliorer les vins du midi et du nord. Nous aurions désiré plus d'extension à ce travail ; mais le temps nous fait défaut : nous le compléterons plus tard. Cependant, tel qu'il est, il suffit pour être mis en pratique.

Nous avons essayé de jeter quelque lumière sur ces questions. Nous serons heureux si nous y avons, sinon réussi, du moins contribué pour un peu.

DU MÉLANGE DES VINS

Loi sur les Mélanges. — Sur les colorations. — Effets et buts des mélanges. — Théorie des mélanges. — Formules des mélanges pratiqués ou à pratiquer. — Observations.

L'usage de mélanger les vins remonte bien haut, et cependant les opinions les plus diverses sont répandues sur son utilité et sa sincérité. Depuis quelques années, il s'est fait un grand bruit sur cette matière en raison des poursuites qui ont eu lieu à son égard; aussi, allons-nous essayer d'élucider et de simplifier cette question.

Loi du 5 mai 1855. — En droit, la loi et la jurisprudence permettent les mélanges; l'exposé des motifs et le rapport de la loi du 5 mai 1855, sur les fraudes en matière de boissons, en justifient l'emploi.

« Il n'est pas dans la pensée du gouvernement, dit l'exposé des motifs, d'entraver les opérations usitées dans le commerce, qui consistent soit à couper les vins de diverses provenances et de diverses qualités, pour les améliorer, pour les conserver, ou même pour donner satisfaction au goût du public ou au besoin du bon marché; soit, suivant l'expression usitée dans ce genre de commerce, à *travailler* les vins conformément à des procédés fort divers, les uns très-anciens, les autres indiqués par la science moderne, comme ceux de Chaptal et d'autres; soit à imiter par diverses combinaisons, les vins étrangers. »

Suivant le rapporteur de la loi, les mélanges ou coupages que réclament la conservation, la guérison, la clarification de la boisson, son appropriation au commerce; ceux que justifient les habitudes locales reconnues, ou que la science enseigne, repoussent toute suspicion.

« Il y a, dit-il, des fictions pour ainsi dire convenues, et de faux titres de noblesse admis dans la circulation. Tous les cidres, à Paris, sont des cidres de Normandie. Ce qui importe à la loi actuelle, c'est d'assurer, autant que possible, que ces cidres seront purs et sains. »

Ce que réclame seulement la justice, c'est que les mélanges soient loyalement faits, franchement accusés par le commerçant, ou connus de l'acheteur.

Des poursuites ont été exercées contre les marchands qui font des mélanges; les tribunaux et le jury les ont acquittés toutes les fois que les mélanges étaient bien faits; c'est-à-dire, sans l'adjonction de matières nuisibles.

Ce qu'on a fait pour le vin, on a voulu le faire pour les eaux-de-vie coupées ou mélangées de 3/6 d'industrie ou autres; ces tentatives ont abouti au même résultat : partout et toujours, on a respecté la loi précitée.

Si l'on s'était borné encore aux mélanges; mais on a attaqué la coloration, même la coloration des eaux-de-vie et des 3/6 avec le caramel. Les tribunaux ont déclaré que l'usage devait prévaloir, et que colorer des eaux-de-vie ou des coupages avec du caramel était chose utile, marchande et loyale.

Seule, la coloration du vin pourrait laisser quelque doute. On verra plus loin notre avis à ce sujet.

Buts et effets du mélange des vins. — Lenoir a dit,

et nous sommes heureux de nous appuyer de son opinion : « Le coupage des vins a, en général, pour but de compenser des défauts et des qualités contraires. Ainsi, on mélange des vins noirs avec des vins trop peu colorés, ou avec des vins blancs ; des vins légers et de peu de garde avec des vins corsés qui assurent leur conservation ; des vins très-alcooliques, mais lourds et pâteux, avec des vins vifs et légers, etc. »

Ces mélanges, lorsqu'ils sont bien assortis et faits dans des proportions convenables, produisent toujours des vins meilleurs que chacun de ceux qui ont servi à les composer. Ces vins sont aussi salubres que ceux dits *naturels*, de même classe ; et souvent ils sont plus agréables. »

Thiébeaut de Berneaud, qui est d'une grande susceptibilité pour tout ce qui touche à la fabrication des vins, dit cependant : « Souvent un vin pur conserve un goût de terroir, une verdeur qui attaque le palais ; ou bien sa couleur trop foncée le rend désagréable ; ajoutez-y du vin blanc d'un crû inférieur, mais franc de goût et bien fondu, vous en ferez une liqueur excellente. »

Le vin d'une mauvaise année se mêle avec celui d'une récolte de bonne qualité. Quand on a des vins blancs dont la couleur se tache et tourne au jaune, on les passe sur des vins rouges très colorés ; ceux-ci deviennent plus agréables à boire et paraissent plus vieux.

Laudier a écrit dans le *Manuel du marchand de vins* : « Les mélanges les plus habituels sont ceux des vins blancs avec les vins rouges, lorsque ceux-ci sont trop riches en couleur, ou que les autres ont une teinte jaune. Il n'y a certainement pas de falsification coupable dans ces procédés.

On mélange aussi des vins très-estimés et de bon goût lorsqu'ils manquent de spiritueux ou d'autres qualités pour se conserver longtemps ou se transporter par mer.

Enfin, le résultat de ces mélanges est : 1° de faire boire plus facilement des vins qui ne sont point agréables quand ils sont purs ; 2° de conserver et de bonifier des vins qui ont des maladies ; 3° de diminuer le prix des vins coupés et de les mettre ainsi à la portée de tous les consommateurs. »

Jullien, dont l'autorité ne saurait être méconnue, a dit : « Le marchand ou le propriétaire ne sont pas répréhensibles pour avoir mêlé des vins de différentes qualités lorsqu'ils les vendent pour tels... Un vin sans mélange, même des meilleurs crus, conserve, pendant un certain temps, le goût de son terroir, et une verdeur qui attaque le palais ; il est moins agréable qu'un vin coupé qui serait moins cher... Il y a beaucoup d'autres circonstances dans lesquelles le mélange devient nécessaire et contribue à l'amélioration des vins. »

L'utilité des mélanges ne saurait être contestée que

par des ignorants ou des gens de mauvaise foi. La loi les autorise, cela seul aurait dû suffire pour les faire considérer comme nécessaires ; si nous avons insisté par les citations ci-dessus, c'est pour ôter tout prétexte aux incrédules, et les convaincre si cela est possible.

Théorie des coupages. — 1° Il existe dans tous les vins, ou du sucre qui n'est pas décomposé, comme dans les vins du midi, ou du ferment, comme dans les vins du nord. Or, comme les coupages se font très-souvent avec des vins du nord et des vins du midi, il en résulte qu'une fermentation sourde se déclare et modifie les éléments du mélange pour produire un composé nouveau ayant peu d'analogie avec l'un ou l'autre des vins employés. Si le coupage a été convenablement fait, les saveurs se sont combinées, les bouquets et les sèves ont disparu et ont fait place à une sève unique et à un bouquet spécial.

2° Si l'on fait une addition de sucre à un coupage, la fermentation en est activée ; parce qu'elle fournit un élément en plus grande abondance à l'action décomposante du ferment. La fermentation peut même devenir tumultueuse au point de faire épancher le liquide hors des tonneaux.

3° L'addition d'alcool et de sucre à un coupage ne change rien à la fermentation, qui se produit comme s'il n'y avait pas d'alcool ; mais l'alcool se trouve combiné au vin d'une manière bien plus parfaite que s'il eût été introduit avant ou après la fermentation.

4° Deux vins du même pays, de la même vigne, mais fermentés séparément, ne sont pas identiquement semblables et ne contiennent pas exactement les mêmes principes et dans les mêmes proportions ; de telle sorte que, malgré leur identité, il y a encore une fermentation sourde si on les mélange ensemble ; à plus forte raison s'il s'agit de vins d'une récolte et d'un pays différents.

5° Si l'on ajoute au mélange des substances susceptibles d'être assimilées dans l'acte de la fermentation, elles communiquent leur odeur et leur saveur au mélange.

6° Le vin muet excite la fermentation à un haut degré (nous donnons plus loin la manière de le préparer).

7° Les coupages faits dans de simples tonneaux sont toujours inférieurs à ceux faits en grandes quantités dans des cuves où des foudres ; parce que la fermentation ne se développe qu'incomplétement sur de faibles quantités, en raison de ce que le mélange est plus exposé à l'action de l'air.

8° Quand on mélange plusieurs vins et qu'on les déguste de suite on retrouve le goût de chacun d'eux ; mais après quelque temps le mélange devient homogène et on ne perçoit plus qu'une seule saveur ; parce que les éléments se sont combinés et ne forment plus qu'un tout identique, surtout si le coupage a été fait dans de bonnes proportions.

Il résulte donc qu'en appliquant la théorie qui précède on doit obtenir les résultats suivants :

1° En mélangeant du vin du midi avec du vin du nord, il se manifeste dans le mélange une fermentation qui produit un nouveau vin qui participe des qualités et des défauts de chacun des vins qui composent le coupage et dans des proportions relatives, mais dont le caractère est bien différent de l'un ou de l'autre des vins, pris séparément.

2° En ajoutant du sucre et du ferment on active la fermentation.

3° Une addition d'alcool n'arrête pas la fermentation qui détermine la combinaison intime de cet alcool avec le mélange; cependant, si cette addition dépassait dix pour cent, la fermentation pourrait être suspendue ou arrêtée.

4° Quelle que puisse être l'identité de deux vins, s'ils ne sont pas de la même cuvée, il y aura réaction de l'un sur l'autre après le mélange et, bien que la fermentation ne soit pas sensible, le mouvement n'en existera pas moins.

5° Si l'on ajoute des substances aromatiques au mélange, l'acte de la fermentation en combine les aromes et les saveurs avec ceux du coupage. Par exemple, si l'on met des préparations œnologiques, telles que le bouquet de Pomard, la sève de Beaune, etc., ils s'incorporent et s'identifient entièrement au vin, et deviennent en quelque sorte des bouquets et sèves *naturels*.

6° Le vin muet contenant du sucre et même du ferment à l'état latent, il en résulte que son addition peut être assimilée à celle du sucre et du ferment qu'on délayerait dans le coupage : mais l'odeur et la saveur en sont préférables.

7° Les coupages doivent se faire par quantités d'au moins 20 à 25 pièces.

8° Les mélanges doivent rester au moins deux ou trois mois en repos avant de les soutirer et de les livrer à la consommation.

Formules des coupages. Le but que l'on se propose d'atteindre est la règle qui doit guider pour pratiquer un coupage. Il y a donc plusieurs modes d'opérer.

Les résultats que l'on cherche le plus souvent sont : 1° améliorer des vins médiocres ; 2° colorer des vins pâles ou des vins blancs ; 3° remonter des vins faibles ; 4° rétablir des vins malades ou les écouler.

Si l'on se propose l'amélioration des vins, il faut recourir aux formules que nous donnons, en déclarant que les quantités ne sont qu'approximatives et qu'il faut les étudier en faisant le mélange avec un litre au lieu d'une pièce et en dégustant sur-le-champ, puis, huit jours après, afin de pouvoir corriger s'il y a lieu. Il n'y a rien de général ni de définitif, qu'on le sache bien : les proportions de sucre, d'alcool, le bouquet, la couleur, etc., varient chaque année ; chaque année il faut faire une étude spéciale, afin de connaître les écarts et y remédier soit en augmentant tel ou tel vin, soit en diminuant tel autre, ou encore en en introduisant un nouveau.

1º Amélioration des vins médiocres.

Vin de l'Aunis, des îles d'Oléron, de Ré, et autres du littoral qui sont faibles et âcres,	2 pièces.
Saintonge ou Cher......................	1 pièce.
Narbonne ou vin noir du midi...........	1 pièce.
Vin muet.............................	8 litres.

Dans le bordelais, il y a des vins verts, durs et peu colorés, voici le mode de coupage :

Vin de Bordeaux......................	2 pièces.
Cahors ou midi.......................	1 pièce.
Vin muet.............................	6 litres.

A Paris on mélange les vins fades, âcres, avec des vins blancs secs et plus spiritueux. La formule que voici est la plus usitée. On vend ce mélange comme Bordeaux.

Vin de Mâcon........................	1 pièce.
Tavel ou Narbonne...................	1 pièce.
Vin blanc du Bugey..................	1 pièce.
Vin dur et sec.	1 pièce.

On vend aussi comme vin de Bourgogne, Beaune ou Mâcon, un coupage fait comme il suit :

Vin noir du midi...................... 1 pièce.
Tavel................................. 1 pièce.
Cher.................................. 1 pièce.
Loiret................................ 1 pièce.
Vin blanc............................. 1 pièce.

Les vins que Bordeaux envoie en Angleterre, sont coupés selon la formule qui nous a été communiquée récemment et que nous reproduisons :

Vin de Bordeaux...................... 3 p. 1/2.
Vin d'Espagne........................ 1/2 pièce.
Vin noir du midi..................... 1 pièce.
Alcool............................... 40 litres.

Les Espagnols, qui connaissent le goût des Anglais, leur expédient des vins qui sont autrement préparés que ceux qu'ils envoient en France; ils les composent comme il suit :

Vin d'Espagne fort................... 2 pièces.
—   moyen................... 1 pièce.
Alcool............................... 30 à 40 lit.

Les vins de Porto, dits de *factorerie*, doivent être mis en pièces en présence de la régie; ils se font de la manière suivante : on met dans un fût le douzième de sa contenance en alcool et on remplit avec du vin, ce qui donne la formule suivante :

Vin de Porto......................... 275 litres.
Alcool à 80°......................... 25 litres.

Il y a des vins d'Espagne qui sont tellement parfumés qu'ils ne peuvent être bus en nature; on s'en sert pour parfumer les vins qui n'ont pas de bouquet et leur donner de la sève. 10 litres suffisent pour parfumer une pièce de 230 litres. A Bordeaux, en Belgique, on s'en sert beaucoup et avec beaucoup de succès.

Les vins d'Auvergne se trouvent bien du mélange suivant :

Vin d'Auvergne...	2 pièces.
Vin du midi...	1 pièce.
Cher ou Loiret...	1 pièce.
Alcool...	15 litres.

Ou encore :

Vin d'Auvergne...	2 pièces.
Midi...	1 pièce.
Blanc du Bugey...	1 pièce.

2° Coloration des vins par le coupage.

Si le coupage est fait dans l'intention de donner de la couleur, il faut employer des vins très-colorés ; les meilleurs sont ceux du Roussillon, du Lot, du Puy-de-Dôme, du Bas-Languedoc, de l'Allier, de Loir-et-Cher, de la Loire, du Cher. Les vins blancs les plus employés sont ceux de Maine-et-Loire, de l'Aisne, de la Loire, d'Indre-et-Loire, de Saint - Bris, de l'Yonne, etc.

La formule des coupages est généralement celle-ci :

Vin rouge ci-dessus...	1 pièce.
Vin blanc...	2 pièces.
Vin rouge ordinaire sec...	1 pièce.

Au lieu d'employer du vin pour la coloration des vins blancs, il est souvent plus économique d'employer la teinte (*Voir à l'article Coloration*), ce qui permet de se passer du vin noir quand on n'en a pas sous la main, ou qu'il est à un prix élevé. On peut couper comme suit :

Vin blanc.........................	3 pièces.
Vin rouge ordinaire..................	1 pièce.
Teinte bordelaise...................	20 litres.

3° Remontage des vins faibles.

S'il s'agit de remonter des vins faibles, il faut pratiquer le mélange suivant :

Vin faible à remonter..................	3 pièces.
Narbonne ou vin fort du midi...........	1 pièce.

Ou bien encore :

Vin rouge faible.....................	3 pièces.
Teinte bordelaise....................	6 litres.
Alcool............................	18 litres.
Bouquet de Pomard ou autres...........	4 flacons.

On peut également faire :

Vin rouge faible.....................	3 pièces.
Vin blanc.........................	1 pièce.
Teinte bordelaise....................	10 litres.
Alcool............................	24 litres.
Bouquet de Pomard..................	3 flacons.

4° Coupage des vins malades.

Si le coupage a pour but de faire passer des vins malades, il faut procéder de différentes manières.

Pour le vin aigre, il faut se borner à en mettre une

petite quantité par pièce de vin sain, et le faire seulement au moment de la vente ou de l'enlèvement.

Pour du vin amer, il faut opérer comme il suit :

Vin..	2 pièces.
Vin amer.................................	1 pièce.
Lie fraiche..............................	3 litres.
Vin muet.................................	10 litres.

On laisse reposer ensuite et on colle après un mois. Si le vin est très-amer, il faut le soigner comme nous l'avons indiqué au *Traité de l'amélioration des liquides*.

Très-souvent le vin amer est de la plus grande utilité pour les bons vins qui n'ont pas d'âge : vingt à trente litres suffisent pour vieillir des vins nouveaux et leur donner de la sève. Dans ce cas, il faut bien se garder d'ajouter du vin muet qui déterminerait une fermentation qui détruirait l'amertume.

S'il s'agit de vin de mauvais goût, on peut en faire passer quelque peu sur des vins qui ont du mordant, pourvu, toutefois, que ce goût ne soit pas trop prononcé ; dans le cas contraire, il faut opérer comme il suit :

Vin ordinaire..............................	2 pièces.
Vin de mauvais goût.......................	1 pièce.
Vin muet..................................	6 litres.
Bouquet de Pomard.........................	3 flacons.
Alcool....................................	4 litres.

On colle après quinze jours de repos.

Si, enfin, le vin est très-mauvais, il faut le traiter

avant le coupage. (*Voir le Traité de l'amélioration des liquides.*)

S'il s'agit d'un goût de terroir, on le fera disparaître par le coupage suivant :

Vin rouge de bon goût...................... 2 pièces.
    —   de mauvais goût............... 1 pièce,
Vin muet.................................. 6 litres.
Pomard................................... 3 flacons.

Puis, on colle le mélange avec la poudre anglaise ou les tablettes de gélatine des vins nouveaux, on soutire dans un fût méché et on rafraîchit le bouquet en rajoutant un flacon de Pomard.

On peut à la rigueur se passer de vin muet; mais il est utile. — Pour les vins gras il faut les traiter séparément et ne jamais les faire servir aux coupages. Quant aux vins poussés et absinthés, il faut les faire passer comme les vins aigres.

Les coupages ne pouvant guérir que l'amertume légère, nous renvoyons au *Traité de l'amélioration des liquides*, pour le traitement des autres maladies.

Observations. — Nous avons donné des formules par quatre et cinq pièces; mais il ne faut pas perdre de vue ce que nous avons dit plus haut; savoir, qu'il est infiniment préférable d'opérer sur des foudres de 20 à 25 pièces.

Il est de la plus haute importance aussi d'ajouter à chaque coupage, soit un *bouquet de Pomard*, soit un *extrait de Bordeaux*, une *sève de Beaune*, etc., afin de lui donner du bouquet, du montant et de la sève; sans cela, ce mélange est facile à distinguer, si on le déguste avant un mois de repos.

Un collage, en affinant et dépouillant le vin, produit une combinaison plus intime des principes du liquide; il faut donc toujours coller le vin avant de le livrer, ou, au moins, l'expédier sur colle. Les poudres sont un excellent moyen de clarification; les récompenses qu'elles ont obtenues en sont une preuve certaine. On verra à l'article *Produits œnologiques* la liste de ces préparations que nous recommandons d'une manière toute particulière, soit comme économie, soit comme moyen assuré de succès.

COLORATION DES VINS

Utilité de la coloration. — La coloration est-elle une fraude? — Substances employées à la coloration. — Modes d'opérer.

Utilité de la coloration. — La coloration des vins est-elle utile, oui ou non? Telle est la première question qui se présente à l'esprit. Nous pourrions répondre par la question elle-même, en disant : ce qui prouve qu'elle est utile, c'est qu'elle se pratique en grand et qu'on y attache une grande importance.

La couleur rouge du vin, comme la couleur jaune

de l'eau-de-vie, comme toutes les autres colorations de liqueurs, sont passées à l'état d'usage général. Il ne suffit pas que l'eau-de-vie soit légèrement jaune, il faut qu'elle le soit assez. Tout le monde sait parfaitement que le plus ou le moins de couleur n'influe pas sur la qualité du liquide ; mais on le veut foncé à un certain degré, purement parce qu'on a l'habitude de voir cette nuance à l'eau-de-vie. Il en est exactement de même pour la couleur du vin. On sait très-bien que ce n'est pas la couleur qui fait la qualité du vin ; mais on la désire franche, foncée, vermeille, transparente, parce que cela flatte l'œil.

Un limonadier qui servirait du cognac incolore se le verrait assurément refuser par le consommateur ; il en serait de même si un débitant servait un vin rosé ou peu coloré. La couleur des liquides est une habitude, c'est dire qu'elle est indispensable.

La coloration est-elle une fraude ? — On agite depuis longtemps cette question sans la résoudre. Tous les jours encore on demande si la coloration est un acte répréhensible ; s'il y a, oui ou non, tromperie sur la nature de la chose vendue, quand un marchand vend du vin coloré *artificiellement*, sans en avoir au préalable prévenu l'acheteur.

Nous soulignons le mot *artificiellement* avec intention. Il y a deux moyens de colorer les vins : en y ajoutant des vins très-colorés ou des substances étrangères. L'une et l'autre de ces colorations sont des colorations *artificielles* dans toute l'acception du mot. Nous savons que certains *puristes* (qu'on nous passe l'expression) disent que c'est du vin qu'ils ajoutent : on va voir que la différence est nulle et qu'il n'y a pas de distinction à faire entre la coloration résultant du vin et celle provenant de toutes autres substances.

Si le vendeur déclare à l'acheteur que son vin est coloré, il est évident qu'il ne peut y avoir fraude ou tromperie, puisqu'il l'achète avec connaissance de cause. Mais si l'acheteur n'est pas prévenu, il peut y avoir lieu à discussion. En effet, il se présente deux cas : ou le vendeur vend en énonçant la provenance et la qualité de son vin et, dans ce cas, il garantit la pureté du liquide, ou il vend son vin pour ce qu'il est et sans énonciation de provenance, par conséquent sans garantie de pureté.

Dans le premier cas, il est évident qu'il y aurait tromperie, puisque le vin contient un mélange soit de vin d'un autre crû, soit une substance étrangère propre à lui donner de la couleur, et que ce vin a une apparence qu'il n'aurait pas si on ne l'eût pas coloré.

Si, au contraire, et comme cela se pratique le plus généralement, le vendeur vend et livre sur dégustation pure et simple, il n'y a pas de garantie ; il fait apprécier son travail, et si le mélange n'est pas nuisible, il ne saurait y avoir ni fraude ni tromperie.

On pense à tort que l'acheteur est censé acheter du vin pur de tout mélange. Cela ne saurait être admis ; puisqu'il est permis, comme nous l'avons vu à l'article *Mélanges des vins*, de faire des coupages.

On objectera peut-être que la loi ne parle que des mélanges de vin : cela ne changerait rien à ce que nous avons dit au sujet de la coloration artificielle qui subsiste toujours et qu'on ne saurait écarter ; mais il resterait à savoir si le mélange des substances propres à la coloration, substances étrangères au vin, peuvent être interdites ou déclarées frauduleuses, alors que l'addition de couleur par le vin ne le serait pas.

Les tribunaux et cours suprêmes ont admis que l'addition de caramel dans l'eau-de-vie ne constitue pas une fraude. On permet la libre vente du vin fait avec une addition de 10 p. 100 de sucre ou de glucose, on permet la vente et la circulation de vin dans lequel il y a du poiré, etc. Comment admettre que l'on punirait l'addition d'une substance inoffensive dans la proportion de 1 à 2 p. 100, surtout quand cette substance est composée des mêmes éléments que le vin, et qu'elle s'en rapproche plus que les divers sucres et sirops, surtout les sirops de glucose massés qui contiennent encore très-souvent de l'acide sulfurique, lesquels sont employés dans la proportion de 7 à 10 p. 100 ? Comment admettre qu'il soit permis d'ajouter 10 p. 100 de sucre dans le vin et qu'il soit défendu d'en mettre 2 p. 100 s'il est brûlé? Le bon sens suffit pour faire justice de ces puérilités.

En résumé, les tribunaux, en admettant la coloration des eaux-de-vie, ont admis implicitement la coloration artificielle des vins, à condition, toutefois, qu'elle soit d'une parfaite innocuité; mais ils n'ont pas, pour cela, reconnu au vendeur le droit de vendre du vin blanc pour du vin rouge, du Narbonne pour du Bordeaux, ni du Roussillon pour du Bourgogne. C'est à tort que l'on se croirait à l'abri de toute poursuite en ne faisant qu'ajouter du vin à du vin. Mettre quinze litres de vin du midi dans une pièce de 230 litres de vin de Bourgogne ou de Bordeaux, c'est modifier ce vin du tout au tout.

Que l'on ne perde pas de vue, non plus, que plus la fraude est dissimulée, plus on a mis de soin à lui donner les apparences de la vérité, plus elle est coupable, et plus elle est sévèrement réprimée. Si colorer du vin avec des matières étrangères, dans l'intention de le faire passer pour du vin non coloré, est une fraude, le colorer avec du vin noir pour tromper l'acheteur plus facilement, serait une double fraude.

La coloration artificielle du vin est un acte qui ne saurait constituer une fraude que dans le cas où le vendeur garantirait son vin entièrement pur et de tel ou tel crû. Un marchand habile sait faire apprécier son travail à son acheteur, qui préférera toujours avoir un beau et bon vin, bien travaillé, à une piquette aussi pure que mauvaise, et qui n'a d'autres qualités que ses défauts.

Substances employées à la coloration. — Il y a une foule de substances propres à la coloration des vins, sans compter les vins de fruits. On emploie le raisin sauvage (baies de troëne), les baies de myrtille, les robs, les sucres cuits ou caramels, la garance, le jus de merises, etc.

Le raisin sauvage est une mauvaise coloration qui n'est guère usitée en grand que dans le département de l'Aube, où elle est très-répandue. Employée en grande quantité, cette teinte donne un reflet violacé au vin, bleuit la langue, donne une saveur âcre et désagréable au vin, et agit violemment sur l'estomac dont elle contracte les parois : nous la considérons comme d'un usage dangereux. Les baies de myrtille sont inoffensives ; mais ce fruit donne une saveur aigrelette au vin qui en diminue la valeur. Les robs peu soignés ne sont pas sans inconvénients pour la conservation du vin, sur lequel ils agissent à la façon du vin muet en suscitant la fermentation. Les sucres ne donnent qu'une couleur jaune qui ne convient qu'à certains vins d'Espagne. La garance donne un goût très-désagréable au vin, et de plus elle agit sur les os, au point de les rendre cassants comme du verre. Cette observation est due à Raspail, qui a eu occasion de se convaincre de cette propriété qui la rend précieuse dans les maladies du ramollissement des os, mais dangereuse en toute autre circonstance. Les jus de merises donnent un goût peu agréable et suscitent une fermentation intempestive qui enlève au vin son bouquet et son arome particuliers, au point de le rendre méconnaissable, même avec une addition de 3 litres seulement par pièce.

On colore aussi avec les baies d'hièble. Nous n'avons pas besoin de dire que cette coloration est l'une des plus mauvaises en raison de son âcreté et de ce qu'elle possède des propriétés intoxicantes assez prononcées. On a parlé aussi de la coloration au bois de campêche ; mais nous avons reconnu que cette coloration est de pure invention, attendu qu'elle est tout simplement impossible. L'acide qui existe dans le vin fait virer au jaune cette teinte qui disparaît en se précipitant instantanément.

On a parlé aussi des colorations faites avec le tournesol, le coquelicot, la betterave ; ces moyens sont à peu près inconnus, et méritent d'autant moins d'être cités qu'ils sont presque impraticables. La meilleure des colorations, à notre avis, celle qui nous a le mieux réussi, c'est la *Teinte bordelaise*. (Voir aux *Produits œnologiques*.)

Nous citerons aussi la teinte de Fismes comme l'une des plus anciennes, des meilleures et des plus usitées.

La coloration du vin n'est pas d'invention récente, comme on pourrait le croire, car elle remonte à plus d'un siècle et demi. Elle n'est pas non plus propre à la France, car tous les pays qui récoltent du vin la pratiquent de la même manière que nous.

Nos lecteurs ne seront sans doute pas fâchés de connaître l'historique de la teinte de Fismes qui trouve naturellement sa place ici.

La véritable teinte de Fismes a été inventée par M. Lambert-Watier, de Fismes, qui commença cette fabrication en 1744 et donna à son liquide le nom de teinte conservatrice des vins. Plus tard, pour se conformer à un édit du 14 mars 1780, M. Lambert-Watier dut envoyer une certaine quantité de ses produits à l'analyse à la Société Royale de médecine, et les nombreuses expériences auxquelles on s'est livré, consignées dans un rapport très-détaillé, ont eu pour résultat de munir M. Lambert-Watier :

1° De l'approbation complète de cette Société, le 16 janvier 1781 ;

2° De l'autorisation du roi, par lettre patente du 6 mai 1784, documents enregistrés au greffe de la police, le 19 mai de la même année.

Sous la république, M. C. Lestaudin, neveu et successeur de M. Lambert-Watier, fit renouveler les mêmes expériences, et fut autorisé à nouveau, comme le constate le récépissé des pièces délivré à M. C. Lestaudin, le 19 frimaire an II, par Cordas, administrateur à la police.

Le rapport fait à la Société Royale de médecine, par MM. Macquer, de Lassonne père et fils, Cornette de Fourcroy et Vicq d'Azyr, commissaires nommés par elle pour analyser ce liquide, conclut ainsi:

« Les expériences auxquelles nous nous sommes livrés, annoncent bien que la teinture du sieur Lambert-Watier est tirée du règne végétal et qu'elle n'a rien de nuisible à la santé ; qu'elle peut être employée en toute sûreté, comme l'indique le sieur Lambert. Nous assurons à la Société, que notre examen est conforme à la recette qui a été communiquée à **M.** de Lassonne, et nous pensons qu'elle mérite d'autant mieux son approbation, qu'elle ne peut produire mauvais effet, etc., etc.

« *Extrait du registre de la Société Royale de médecine.*

« **MM.** de Lassonne, Macquer, de Lassonne fils, Cornette et de Fourcroy, ayant été nommés par la Société Royale de médecine, pour examiner une liqueur de la composition du sieur Lambert-Watier, habitant de Fismes, laquelle est propre à colorer, dégraisser et clarifier les vins, ces commissaires en ayant fait un rapport favorable et avantageux, soit d'après leur analyse, soit d'après l'utilité dont elle est en différents cantons où son usage est adopté, soit enfin après la connaissance de la recette qui a été communiquée, la Société a pensé que cette liqueur telle qu'elle lui a été présentée mérite son approbation et qu'il peut être permis au sieur Lambert-Watier de la préparer. »

Telle a été la délibération de la Société Royale de

médecine, dans son assemblée tenue au Louvre le 16 janvier 1781.

Lettre patente.

« Aujourd'hui, 6 mai 1781, le roi étant à Marly, Sa Majesté s'est fait rendre compte de l'avis donné par la Société Royale de médecine, le 16 janvier, sur la liqueur composée par le sieur Lambert-Watier, habitant de le ville de Fismes, et ayant reconnu que cette liqueur, loin d'avoir rien de préjudiciable, ne pouvait qu'être utile, Sa Majesté a autorisé ledit sieur Lambert-Watier à en continuer la composition et le débit, à tenir chez lui le laboratoire nécessaire à cet effet, faisant expresses inhibitions et défenses, à tous officiers et autres, de le troubler en aucune manière ; et pour assurance de sa volonté, Sa Majesté m'a commandé d'expédier le présent brevet, qu'elle a signé de sa main et fait contresigner par moi conseiller-secrétaire d'État de ses commandements et finances, etc., etc. »

A M. Lambert-Watier ont succédé MM. Lambert-Desjardin et Lestaudin-Wallon, et de nos jours M. Alfred Lestaudin, de Reims, qui, comme ses prédécesseurs, apporte tous ses soins à la teinte de Fismes dite conservatrice des vins, et comme eux peut en garantir la bonne fabrication et l'innocuité parfaite.

La coloration des vins est donc, comme nous l'avons dit une chose ancienne et bien innocente. C'est à tort que certaines personnes la considèrent comme inutile ou dangereuse, ce qui ne saurait être qu'en employant de mauvais produits, ou de mauvaises substances colorantes.

Mode d'opérer la coloration. — Nous avons dit, à l'article *Mélanges*, que si l'on se proposait, à la fois, de remonter un vin en couleur et en force, il suffisait d'y ajouter de 20 à 25 litres de vin noir du midi ; mais il arrive souvent que l'on ne cherche que la coloration, soit qu'on veuille conserver au vin son parfum et ses sèves propres, soit qu'il ait assez de force par lui-même ; soit, encore, que ce vin soit trop médiocre pour supporter la dépense qu'occasionne l'addition du vin ; soit, enfin, que l'on n'ait pas ce vin à sa disposition. Dans ce cas, il faut opérer comme il suit :

Pour du vin faible et médiocre :

Vin......................................	1 pièce.
Teinte bordelaise.......................	2 à 3 litres.
Alcool à 85°............................	1 litre.
Poudre anglaise.........................	25 gr.

On tire dans un baquet cinq ou six litres du vin à colorer, on y verse la teinte, on fouette pour mélanger, puis on verse dans le fût ; on agite vivement pendant dix minutes ; et on colle à la poudre anglaise. Si l'on veut se débarrasser de suite des écumes, on les fait disparaître en jetant dans le fût quelques cuillerées d'alcool, après avoir bien rempli et battu pour faire sortir l'air par la bonde.

Pour un vin vert, nouveau, âpre, comme celui de 1860, il faut recourir à un traitement plus énergique.

Comme l'acide détruit les couleurs végétales, et qu'en ajoutant soit du vin noir du midi, soit de la teinte bordelaise, la coloration s'en trouve affaiblie, il est nécessaire de désacidifier avant de colorer. (Voir l'article *Désacidification*.) Cela fait, on le traite comme il suit :

Vin nouveau.........................	1 pièce.
Teinte bordelaise.....................	2 à 3 litres.
Alcool..............................	2 litres.
Gélatine des vins nouveaux............	30 grammes.

Opérez comme ci-dessus, et collez avec la gélatine des vins nouveaux.

Si nous employons la gélatine des vins nouveaux au lieu de poudre anglaise, c'est que cette gélatine est spécialement travaillée pour adoucir les vins verts, et qu'elle ne contient ni gomme, ni substances qu'on rencontre ordinairement dans les gélatines du commerce.

S'il s'agit de colorer des vins ordinaires de bonne qualité, on peut les traiter comme il suit :

Vin.............................	1 pièce.
Teinte bordelaise.....................	3 litres.
Bouquet de Pomard...................	1 flacon.
Poudre anglaise.....................	25 grammes.

Opérez comme ci-dessus. — Il va sans dire qu'on emploie, suivant les circonstances, la sève de Beaune, l'extrait de Bordeaux, etc., etc.

Pour du vin fin, opérez de la manière suivante :

Vin.............................	1 pièce.
Teinte bordelaise.....................	3 litres.

Vieux Cognac......................	1 litre.
Extrait de Bordeaux..................	1 flacon.
Poudre anglaise.....................	30 gr.

Opérez comme ci-dessus.

Si l'on voulait colorer du vin blanc, il faudrait employer la formule que voici :

Vin blanc........................	1 pièce.
Vin du midi......................	30 litres.
Teinte bordelaise.................	6 litres.
Alcool...........................	1 litre.
Bouquet de Pomard.................	1 flacon.
Poudre anglaise..................	25 gr.

Opérez comme ci-dessus.

DÉSACIDIFICATION

Utilité de la désacidification. — Son innocuité. — Mode d'opérer.

Utilité de la désacidification. — Indépendamment de ce qu'il y a de désagréable à boire un vin dur, âpre, qui contracte les parois de la bouche et agace les dents, il y a un inconvénient bien plus grave, c'est que les vins durs, acides, provenant de raisins verts ou qui ont mal mûri, troublent la digestion, causent des maux d'estomac, des dérangements et des maladies d'entrailles, des dyssenteries des plus dangereuses,

« Dans les bonnes années, dit Jullien, presque tous les vins sont potables tels qu'on les a récoltés ; mais quand les raisins n'ont pas mûri, les vins, même des bons crûs, sont dépourvus de qualités, et conservent longtemps une âpreté désagréable, tels ceux des récoltes de 1805, 1809, et surtout ceux de 1816, 1817, 1823 et 1824. » Ceux de 1860 surpassent peut-être ceux que nous venons de nommer.

L'acidité a, de plus, un grave inconvénient, comme nous l'avons dit plus haut. C'est de détruire la couleur des vins colorés auxquels on mélange les vins acides ; et, en outre, de déterminer une fermentation nouvelle qui produit bientôt un liquide acéteux, ou pour mieux dire du vinaigre.

Les nombreuses lettres qui nous ont été adressées depuis la récolte dernière (1860), constatent la vérité de cette théorie ; de partout on nous annonce que les mélanges des vins forts et colorés avec les vins nouveaux ne produisent que des vins qui sûrissent promptement, se décolorent et tournent au vinaigre ou deviennent troubles et ne s'éclaircissent qu'avec la plus grande difficulté. On conçoit combien il est urgent de débarrasser les vins de cet excès d'acide destructeur.

Innocuité de la désacidification. — Le premier point de la désacidification, c'est qu'elle soit d'une innocuité parfaite ; or, on sera convaincu qu'elle l'est en effet, quand on saura que le procédé consiste à convertir le bitartrate de potasse qui existe dans les vins et qui cause l'acidité, en sesquitartrate et en tartrate neutre de potasse et dè soude.

Dans tous les vins nouveaux, le bitartrate de potasse est considérable; c'est ce qui donne une âpreté parfois insupportable aux vins qui en sont le plus chargés. Cette saveur acide est toujours confondue, à la dégustation, avec le principe astringent du tannin. Ceci est si vrai que si l'on sature l'acide tartrique libre, le vin de Bordeaux, par exemple, vieillit de quatre à cinq ans, et qu'il acquiert, après un repos de quinze jours et un collage à la *poudre anglaise* ou à la *poudre des vins de Bordeaux*, toutes les qualités exigées pour être bu immédiatement.

L'effet produit sur les vins blancs est le même; et, de plus, la désacidification leur donne une limpidité parfaite.

Si l'on veut savoir le résultat que produit la désacidification et que l'on analyse, soit le vin, soit les dépôts, on trouvera qu'elle a converti l'acide du vin en sel de seignette, substance dont l'action est nulle sur l'économie animale.

La désacidification a, en outre, la propriété d'agir sans détruire le tannin, sans dénaturer ni détériorer le vin en aucune de ses parties, et de pousser à la clarification.

Moyen d'opérer la désacidification. — Le mode d'opérer est des plus simples et des plus faciles : il s'agit pour cela de se procurer du désacidifleur (voir la liste des produits œnologiques) et de l'employer comme il suit :

Vin nouveau..............................	1 pièce.
Désacidifieur............................	150 gr.
Sel gris.................................	100 gr.
Poudre anglaise.........................	35 gr.
Eau bouillante..........................	1 litre.

Faites dissoudre le désacidifieur et le sel dans l'eau bouillante, versez dans le fût et agitez vivement pendant trois minutes, et collez avec de la poudre anglaise. — On peut laisser sur la lie aussi longtemps qu'on le désire.

Si le vin est très-dur, comme celui de la récolte de 1860, il faut opérer d'une manière plus énergique :

Vin nouveau.............................	1 pièce.
Désacidifieur...........................	250 gr.
Sel marin (sel gris)....................	150 gr.
Tablettes de gélatine épurée pour vin nouveau..............................	30 gr.
Eau bouillante.........................	1 litre.

Opérez comme ci-dessus, en faisant dissoudre le sel avec le désacidifieur, puis, vous collerez après l'introduction du liquide désacidifiant.

Si le vin est très-faible et que l'on craigne pour sa conservation, il faut y ajouter un litre d'alcool par pièce.

Si l'on veut colorer le vin, soit en le remontant avec du vin noir, soit en y ajoutant de la teinte, on se borne à désacidifier sans coller ; puis, après quatre jours de repos, on introduit la coloration et on colle, comme il est dit, sans autre modification.

Que l'on ne perde pas de vue ce que nous avons dit de la gélatine pour les vins nouveaux, et qu'on ne la confonde pas avec les colles fortes du commerce ni avec les gélatines ordinaires pour vins, même les plus vantées, car on manquerait complétement son but. Qu'on se rappelle, une fois pour toutes, que les gélatines ordinaires ne clarifient qu'en précipitant le tannin, la seule substance qui, avec l'alcool, concourt à la conservation du vin. De plus, ces gélatines laissent en dissolution dans le vin des matières gommeuses, fibreuses, animales, infectes, qui poussent à l'aigre et empêchent les vins de se conserver sains, surtout ceux où le tannin est peu abondant. Nous avons acquis la conviction que les vins du midi qui sont collés avec les gélatines sûrissent beaucoup plus vite et aussitôt qu'ils sont en vidange de 20 à 25 centimètres.

Au point de vue théorique et pratique, chimique et mécanique, la gélatine est le plus mauvais agent de clarification ; ce n'est qu'avec peine que nous sommes parvenu à la débarrasser de ses principaux défauts. Elle produit, parfois, une clarification rapide sur certains vins ; mais c'est au dépens de leur qualité et de l'avenir. Presque tous les vins collés avec la gélatine se conservent mal ; ou ils déposent, ou ils se troublent de nouveau, ou ils deviennent gras, ou ils fermentent et tournent à l'aigre. — Julien dit dans son *Manuel du tonnelier* : « M. Julien fut obligé de renoncer à la gélatine. »

CLARIFICATION DES VINS.

Substances propres à clarifier. — Clarification des vins nouveaux. — Des vins vieux.

Nous avons parlé assez longuement de la clarification dans notre *Traité de l'amélioration des liquides*, où nous avons fait une digression détaillée sur les meilleurs agents de clarification ; nous ne ferons donc ici que toucher à cette question. Mais nous donnerons des exemples de clarification spéciale à chaque vin, afin de rendre plus sensible l'application des agents clarificateurs.

Théorie de la clarification. La colle agit *chimiquement et mécaniquement.* Chimiquement, en se combinant avec les substances en suspension ou en dissolution dans le vin, et en neutralisant leur action qui tend à la fermentation. Mécaniquement, en s'attachant aux particules suspendues dans le liquide et en les entraînant avec elle au fond du tonneau. On voit donc que le collage concourt essentiellement à la conservation du vin. La colle n'a aucune action sur l'alcool qui reste intact après comme avant le collage.

Substances propres à la clarification. — On clarifie avec les œufs, la gélatine, la colle de poisson, le sang, la poudre anglaise, etc. Chacun a son moyen de clarification, moyen adopté souvent sans connaissance de cause, et par la seule raison qu'il semble plus économique. Il ne suffit pas de clarifier, il faut encore le faire sans détériorer le liquide, sans attaquer ni la couleur, ni le bouquet du vin, sans lui enlever aucun des principes utiles à sa conservation, enfin, sans faire un trop grand déchet.

Nous rejetons les œufs, parce qu'un œuf gâté peut infecter une pièce de vin, parce qu'ils font une trop grande quantité de lie et qu'ils n'agissent pas toujours avec assez d'énergie.

Nous rejetons toutes les gélatines, sans exception, pour tous les vins qui ne sont pas trop colorés, parce qu'elles décolorent, qu'elles enlèvent le tannin du vin et qu'elles font trop de lie. A plus forte raison, ces gélatines infectes du commerce qui empoisonnent le vin d'une odeur de putréfaction cadavérique.

Nous rejetons la colle de poisson par la même raison que nous rejetons la gélatine. Nous rejetons le sang, parce qu'il nous répugne de boire une solution de ce liquide albumineux qui contient des sels et une eau animale qui s'identifie au vin.

Nous avons adopté pour nous la *poudre anglaise*, la *poudre des vins du midi*, etc., dont nous recommandons l'usage, parce que les effets en sont prompts, sûrs et économiques. A l'exposition de Saint-Dizier, elles ont été honorées de la seule récompense qui ait été accordée aux produits œnologiques. Nous les préférons aux œufs, à la gélatine, etc., parce qu'elles ont des avantages incontestables sur eux :

1° Elles produisent une lie plus épaisse, plus compacte, plus lourde et moins volumineuse ;

2° La lie qu'elles produisent ne remonte pas dans le vin ;

3° Leur effet est persistant, c'est-à-dire, qu'un vin collé et éclairci par elles, qui serait remué et troublé après clarification, se recolle et s'éclaircit à nouveau sans qu'il soit besoin d'y ajouter une nouvelle dose de poudre ou de recourir à un nouveau collage.

Tous ces avantages ont été constatés, appréciés et ont motivé la récompense décernée à ces poudres, ainsi qu'à celles servant à la clarification des eaux-de-vie, etc., dont nous n'avons pas à nous occuper ici. Pour faciliter l'emploi des divers agents de clarification et pour compléter ce que nous avons dit dans notre *Traité de l'amélioration des liquides*, nous allons donner des exemples spéciaux.

Clarification des vins nouveaux.— Nous diviserons les vins nouveaux en trois classes, les vins ordinaires rovenant d'une vendange mûre, les vins d'une maturité médiocre, et les vins provenant d'une récolte extrêmement mauvaise, comme celle de 1860.

Pour les vins nouveaux ordinaires de tous pays, on peut employer le mode suivant :

Vin nouveau..............................	1 pièce.
Poudre anglaise..........................	30 gr.

Délayez la poudre en versant dessus un peu d'eau froide, pour en faire d'abord une pâte épaisse que vous convertirez en bouillie, puis en bouillie très-claire, en continuant de verser de l'eau jusqu'à concurrence d'un litre au moins ; cela fait, fouettez avec un balai d'osier jusqu'à ce qu'elle soit bien dissoute et que le tout ne forme plus que de la mousse. Versez alors dans le fût, fouettez et laissez en repos.

Il faut autant que possible employer la poudre spéciale à chaque vin, c'est-à-dire, pour les vins de Bourgogne la *poudre des vins de Bourgogne*, pour ceux de Bordeaux la *poudre des vins de Bordeaux* et ainsi de suite. Néanmoins, on peut employer la *poudre anglaise* pour coller tous les vins sans distinction, si l'on n'en a pas d'autre à sa disposition.

Pour les vins des années moyennes, il faut recourir à la formule suivante. — Pour les vins du nord et du centre :

Vin nouveau...............................	1 pièce.
Sel gris..................................	80 gr.
Poudre anglaise..........................	30 gr.

Faites fondre le sel dans l'eau, puis, délayez la poudre comme il est dit ci-dessus et opérez de la même manière.

Si le vin est très-dur, il faut opérer comme ceci :

```
Vin nouveau.............................  1 pièce.
Désacidifieur........................  100 gr.
Sel gris.............................  125 gr.
Poudre anglaise......................   30 gr.
```

On désacidifie (voir l'article *Désacidification*), puis on colle comme il a été dit.

Pour les vins verts de tous pays, entièrement mauvais, par suite de la non-maturité du raisin, comme ceux de la récolte de 1860, il faut les désacidifier (voir l'article *Désacidification*), puis les soumettre à l'action des agents qui suivent :

```
Vin nouveau désacidifié................  1 pièce.
Sel gris...............................  100 gr.
Poudre anglaise........................   30 gr.
```

Opérez comme il est dit plus haut.

Pour les vins très-faibles, prenez :

```
Vin nouveau désacidifié................  1 pièce.
Sel gris...............................  100 gr.
Poudre anglaise........................   35 gr.
Alcool.................................   1 litre.
```

Pour les vins de pineau qui donnent un peu d'espoir de se conserver, on peut les traiter comme suit, pour leur donner un peu de force et de bouquet :

```
Vin désacidifié........................  1 pièce.
Cognac ou eau-de-vie vieille...........  2 litres.
Bouquet de Pomard ou sève de Beaune....  1 flacon.
Poudre anglaise........................   30 gr.
```

Collez comme d'usage, ajoutez le bouquet et le cognac, puis fouettez et laissez reposer.

Si l'on opère sur des vins du midi, des vins de Bordeaux, il faut agir comme suit :

<pre>
Vin nouveau.........................   1 pièce.
Poudre anglaise.....................   35 gr.
Sel gris............................   100 gr.
</pre>

Pour les vins épais et colorés, on peut employer la formule que voici :

<pre>
Vin................................   1 pièce.
Sel gris...........................   100 gr.
Gélatine de vins nouveaux..........   30 gr.
</pre>

On fait dissoudre la gélatine dans de l'eau tiède, puis on y ajoute le sel, et on colle comme d'usage.

Quelques personnes font dissoudre du sucre dans de l'eau et l'ajoutent au vin ; cette opération est très-mauvaise, en ce que le sucre ne peut rester en suspension dans le vin sans subir l'action du ferment qui y est contenu. Une fermentation s'établit donc aussitôt et décompose le sucre pour le convertir soit en alcool, soit en vinaigre, selon l'état où se trouve ce vin. On ne doit donc jamais ajouter de sucre à du vin fait, à plus forte raison du sirop de glucose ou de fécule.

Les vins gagnent beaucoup, soit pour leur bouquet, soit pour leur conservation, si on y ajoute, au moment du collage, un bouquet de Pomard, ou une sève de Beaune, ou un bouquet œnanthique du midi. Ils se soutiennent mieux dans les voyages, sont plus agréables à boire, en raison du parfum qu'ils contractent ; ils s'éclaircissent mieux et déposent moins. C'est là une vérité qu'il est bon de signaler. Nous appelons sur ces faits l'attention des viticulteurs et des négociants, afin qu'ils puissent le constater, quelque inexplicable qu'il paraisse à ceux qui ne l'ont pas étudié.

Clarification des vins vieux. — Pour obtenir une bonne clarification des vins vieux, il faut procéder de la manière suivante, et se bien garder d'employer la gélatine, qui affaiblit le vin et y introduit un principe permanent d'infection et de décomposition.

```
Vin vieux............................... 1 pièce.
Bouquet de Pomard.. ................... 1 flacon,
Poudre anglaise....................... 35 gr.
```

Opérez comme ci-dessus, ajoutez le bouquet, fouettez de nouveau, et bondez.

Il est convenu que l'on emploie de préférence la poudre spéciale à chaque vin, ainsi que le bouquet qui y correspond.

S'il s'agissait de bon vin, ou de vin de pineau de Bourgogne ou de Bordeaux, il faudrait faire ce qui suit :

```
Vin vieux............................... 1 pièce.
Bouquet de Pomard ou de Bordeaux..... 1 flacon.
Poudre anglaise....................... 30 gr.
Alcool de vin......................... 1 litre.
```

Opérez comme d'usage.

Pour du vin vieux, fin, mais un peu faible, on agirait de même en remplaçant l'alcool par deux litres de cognac.

DES VINS DU MIDI.

Leur nature.—Classification de ces vins par rapport aux coupages.
— Leurs défauts naturels et moyens de les corriger. — Inutilité
du plâtrage et du vinage.

Nature des vins du midi. — Nous avons défini autre part les vins du midi ; nous avons dit, avec tout le monde : les vins du midi sont chauds, charnus, liquoreux, pâteux, alcooliques, plus ou moins épais et colorés. Voici ce qu'ils présentent à la dégustation, et si on les analyse on découvre bien vite qu'ils contiennent une grande quantité de sucre non décomposé et indécomposable faute de ferment.

Lavoisier nous apprend qu'il faut 3 parties de levure sèche de bière pour décomposer 100 parties de sucre de canne. D'après Thénard, il faudrait 3,34 de ferment de groseilles sec pour décomposer 100 parties de sucre de canne.

On n'a pu déterminer encore la quantité exacte de ferment que contient le moût des vins du midi ; mais on sait à peu de chose près la quantité qui leur manque.

Dans quelques expériences que nous avons faites, nous avons trouvé qu'elle était de 250 grammes de levure fraîche de bière par hectolitre de moût de 12 à 13 degrés Beaumé. Ce sont donc ces bases qui nous serviront plus loin à développer notre principe du *complément* des vins du midi.

Classification des vins du midi par rapport aux coupages. — Les vins du midi se classent en vins rouges et en vins blancs. Voici ceux qui sont généralement employés pour donner de la force, du corps, de la couleur et de la sève aux vins des autres départements : ce sont les vins de Roquemaure, de Saint-Giles - les - Boucheries, de Bagnols, département du Gard ; — de Saint-Georges, d'Orques, de Vévargues, de Saint - Christol, de Saint - Drézéry, de Saint-Geniès, de Castries, département de l'Hérault ; — de Cunac, de Caisagnet, de Saint-Juéry, de Saint-Amarans, de Gaillac, département du Tarn ;— de Narbonne, département de l'Aude ; — ceux de Rivesaltes, de Baixas, de Corneilla, de la Ribéra, de Saint-Jean-Lasseille, de Banyuls-des-Aspres, d'Argelès et de Sorrède, département des Pyrénées-Orientales. — A Paris on se sert principalement des vins de Chateldon et de Rio, département du Puy-de-Dôme, ainsi que de ceux de Luppé, de Chuynes, de Saint-Michel, de Saint-Pierre-de-Bœuf et de Bœn, département de la Loire ; ces vins sont d'une belle couleur ; ils ont du corps et même du bouquet. Les vins blancs sont plus rares et beaucoup moins estimés ; ils n'entrent que dans les coupages qui se pratiquent dans le pays même.

Il y a bien encore quelques localités qui fournissent

des vins colorés propres aux coupages ; mais ces vins sont moins connus.

De leurs vices naturels et des moyens de les corriger. —Nous avons dit quelle était la constitution des vins du midi, nous allons passer en revue les vices qu'elle entraîne forcément avec elle.

Le défaut de ferment fait que le sucre n'étant pas entièrement décomposé, le vin est lourd, pâteux, et qu'il est constamment disposé à subir la transformation soit en alcool, soit en acide acétique. Cette prédisposition le rend impropre à séjourner dans un local dont la température est élevée. Si on met ce vin en vidange, il subit très-rapidement la fermentation acéteuse ; aussi reproche-t-on à ces vins de ne pas supporter le tirage à la cannelle sans sûrir, en moins de quinze jours ou trois semaines, même dans une bonne cave et en hiver.

On a recherché longtemps les moyens de combattre ces tendances à la décomposition, on a eu recours au plâtrage, à l'alunage, à l'alcoolisage, tout cela à peu près sans succès. Depuis plusieurs années nous consommons pour notre maison cinq ou six pièces de vin du midi par an. Nous nous sommes livrés à diverses expériences sur ces vins, et nous avons eu lieu de nous convaincre de l'inutilité des moyens ci-dessus.

Ces expériences nous ont conduit à découvrir que le collage à la poudre anglaise retardait la fermentation acéteuse, et que l'adjonction de certaines substances donnait encore plus d'action à cette poudre. C'est ce qui nous a amené à la découverte de la *poudre des vins du midi*.

A l'aide du *bouquet œnanthique des vins du midi*, nous avons encore obtenu une prolongation et une sève plus agréable, une conservation meilleure ; ces moyens peuvent suffire dans le cas où les fûts ne restent pas plus de six semaines à deux mois en vidange ; mais ils sont insuffisants pour les vins destinés à faire de longs voyages, à être exposés à diverses manipulation, à subir de fréquents changements de température, etc., etc. Il nous a donc fallu rechercher un moyen d'action plus énergique pour supprimer la cause afin de faire disparaître l'effet ; c'est-à-dire, compléter le travail de la fermentation : c'est ce que nous avons fait.

La question à résoudre était celle-ci : décomposer le sucre qui ne l'était pas et le transformer en alcool. La poser c'était la résoudre, en quelque sorte ; nous savions que le ferment faisait défaut, il ne suffisait plus que de déterminer la matière à employer et d'en fixer les quantités.

Nous avons jeté les yeux sur la levure de bière ; mais elle né peut être employée en quantité suffisante sans communiquer un léger arrière-goût au vin ; nous avons songé aux groseilles desséchées, etc., et après quelques essais nous nous sommes arrêtés aux lies des vins du nord et au tartre brut de ces vins.

En employant l'une ou l'autre de ces matières qui contiennent du ferment en grande quantité et qui sont, par conséquent, des agents très-actifs de fermentation, nous l'avons déterminée dans tous les vins du midi, en moins de dix heures, sous une température de 15° R.

Ces expériences nous ont conduit à reconnaître, d'une manière à peu près exacte, la quantité de ferment nécessaire, suivant sa nature et aussi à constater qu'en agissant sur des vins faits, une certaine quantité d'alcool se convertissait en acide acétique, ce qui dénote que ce travail *complémentaire* doit se faire dans la cuve, et en même temps que la première fermentation.

Il nous a été facile d'établir théoriquement des formules résumant notre travail ; aussi allons-nous les traduire ici, pour en permettre l'application en grand et facilement.

La levure de bière poussant autant à la fermentation acéteuse qu'à la fermentation alcoolique, nous l'avons négligée et ne l'employons qu'à défaut d'autres. Nous lui préférons le tartre brut, la groseille desséchée, les lies de vins, les feuilles, les vrilles, les jeunes pousses de la vigne.

La quantité de ferment à ajouter étant basée sur la densité du moût, il faudra déterminer cette densité en pesant le moût, et s'il est supérieur à 13°, il faudra le réduire à ce degré en ajoutant de l'eau, froide s'il fait trop chaud, et chaude s'il fait trop froid (Voir le *Traité de l'amélioration des liquides*, auquel nous renvoyons pour ne pas nous répéter ici). Il est entendu que l'eau doit être répartie par toute la cuve d'une manière uniforme; sans cela on s'exposerait à des accidents résultant d'une mauvaise et inégale fermentation.

Cela fait, on évalue la quantité de moût et on procède comme il suit :

Pour une cuve de 30 hectolitres à 12 ou 13° Beaumé, prenez :

    Tartre brut et sec des vins rouges du nord... 18 kil.

ou :

    Tartre brut de vin blanc..................... 11 kil.

ou :

    Lies fraîches de vins du nord............... 60 litres.

ou :

    Groseilles sèches (grappes et pédoncules) .... 8 kil.

Ou :

    Crème de tartre...................... 4 kil.

Ou :

    Feuilles vertes, vrilles, bourgeons de vigne, hachés ou écrasés...................... 15 kil.

Si le moût ne pèse que de 11 à 12 degrés, diminuez la quantité de ferment d'un douzième.

Délayez ou incorporez avec cent litres de moût ou d'eau, si le moût porte plus de 13°, et distribuez le tout dans votre cuve d'une manière uniforme, en en mettant une couche tous les 50 centimètres d'épaisseur de vendange, et en brassant; veillez à ce que la température de la cuve soit à 14 ou 15° R., et qu'elle ne s'abaisse pas au-dessous de 12 ou 13°. Enfoncez votre cuve, de manière à ce que le liquide surnage par-dessus la vendange de quelques centimètres; bouchez-la et laissez-la en cet état pendant 25 et même 30 jours.

Il est indispensable d'écraser la vendange si l'on tient à obtenir beaucoup de couleur et une fermentation complète.

Si les vins sont destinés à la chaudière, il faut écraser la vendange, la presser et faire fermenter le moût à part : de cette façon on n'extrait pas les huiles essentielles contenues dans les pellicules du grain, et les eaux-de-vie en sont plus douces et plus suaves.

Inutilité du plâtrage et de l'alcoolisation. — Le plâtrage et l'alcoolisation, n'ayant d'autre but que d'arrêter les effets d'une fermentation lente et intempestive, il est clair qu'ils n'auront plus de raison d'être, du moment que la fermentation sera achevée, c'est-à-dire, qu'elle aura été conduite de manière à convertir tout le sucre en alcool. On conçoit tout ce que cette méthode aurait d'avantageux.

Le plâtrage n'est pas toujours souverain pour arrêter la fermentation, et il a le double inconvénient de rendre le vin rude et grossier, et d'éloigner les acheteurs de l'Étranger où les vins plâtrés sont considérés comme malsains.

Pour assurer la conservation indéfinie des vins traités par notre méthode, il suffirait de les coller comme nous l'avons dit à l'article *Clarification*, en employant la poudre des vins du midi à forte dosé, et en y ajoutant 100 grammes de sel marin par hectolitre.

DES VINS DU NORD.

Leur nature. — Leur classification par rapport aux coupages. — Leurs vices naturels et des moyens d'y remédier. — Traitement des vins après qu'ils sont tirés de la cuve.

Nature des vins du nord. — Nous donnons la qualification de vin du nord à tous les vins qui sont récoltés au-delà du 48ᵉ degré de latitude; toutefois, nous en exceptons les vins de pineau, n'importe où ils se trouvent. Les vins du nord sont âpres, durs, verts, peu alcooliques, dépourvus de sève et de bouquet. Ils proviennent assez généralement des gros plants, parmi lesquels le gamay occupe le premier rang.

Classification des vins par rapport aux coupages. — La plupart des vins du nord gagnent à être coupés avec les vins du midi; cependant il faut reconnaître qu'ils ont un immense avantage sur ces derniers ; ils ont plus de fraîcheur et, s'ils manquent de vinosité, ils ont plus de limpidité et une app rence plus flatteuse. Leur côté défavorable, c'est qu'ils ne sont potables que dans les années où le raisin acquiert au moins la moitié de sa maturité. Au-dessous, ils sont désagréables et agacent les dents.

Les principaux départements qui fournissent le plus de vin dans cette région sont l'Aube, la Marne, l'Yonne, le Bas-Rhin, Seine-et-Marne et Seine-et-Oise. — A l'exception de quelques localités, les vins de ces départements sont très-médiocres et ne se conservent pas au-delà de deux ou trois ans. Ils fournissent des vins blancs assez estimés, l'Aube, la Marne et l'Yonne du moins.

Leurs vices naturels et des moyens d'y remédier. — Si les vins du midi pèchent par le défaut de ferment, ceux du nord manquent de principe sucré ; aussi se conservent-ils très-peu, malgré toutes les précautions que l'on prend pour en prolonger la durée. Ils sont sujets à tourner au gras et à l'aigre. Il est vrai qu'on prévient le premier cas en laissant cuver plus longtemps, après avoir soigneusement enfoncé sa cuve, le second en ne laissant pas séjourner le vin sur sa lie et en tenant les tonneaux constamment pleins ; mais, malgré toutes ces précautions qui ne sont pas toujours suivies, il arrive souvent que l'on perd des quantités considérables de vin.

Nous avons indiqué, plus haut à l'article *Désacidi-fication*, ce qu'il y a à faire pour adoucir les vins faits, ici nous nous bornerons à indiquer ce qu'on aurait dû faire pour les améliorer plus complétement, ce qui, par conséquent, devra être fait en pareille cir-constance, et nous compléterons ainsi ce que nous avons dit au chapitre précité.

Chaptal a été le principal instigateur du sucrage des vins qui manquent de vinosité. Dans son *Art de faire le vin*, il recommande d'ajouter du sucre aux moûts trop faibles. Avant lui, on en avait déjà con-seillé l'emploi; mais c'est lui qui en a fait adopter l'u-sage qu'on a surnommé *la Chaptalisation*. D'après ce qu'en dit Chaptal lui-même, on a retiré d'heureux effets de cette addition de sucre; quant à nous, nous l'avons déclaré déjà dans notre *Traité de l'améliora-tion des liquides*, nous ne voudrions voir appliquer cette méthode que dans les mauvaises années, et toutes les fois que le moût ne porte pas la densité qu'il a quand le raisin a acquis les 3/4 de sa matu-rité, soit de 7 à 8° Beaumé.

Il y a deux moyens employés pour ramener le moût à la densité voulue: *Le sucrage et la concentration du moût.*

Le sucrage peut se faire soit avec du sucre, soit avec du sirop de fécule liquide ou glucose. Quel que soit celui que l'on adopte il doit se pratiquer de la manière suivante :

Pesez le moût et s'il n'est que de 5° comme il l'était en 1860, au lieu de 7 et 8°, calculez ce qui manque à la masse que vous voulez travailler. Pour cela, multipliez ensuite le degré ordinaire 8 par 100 litres, ce qui vous donnera 800°. Multipliez ensuite le degré réel du moût 5° par 100, ce qui vous donnera 500°, établissez la différence et vous trouverez qu'il manque 300 degrés à votre moût.

Un kilo de sucre brut équivaut à 43 degrés environ, c'est donc 7 kilos de sucre à ajouter, soit, pour 30 hectolitres, 210 kilos.

Chauffez un hectolitre de moût, et quand il sera prêt à bouillir, mettez-y 70 kilos de sucre ; aussitôt qu'il sera fondu, distribuez ce sirop sur une couche de vendange d'environ 50 à 60 centimètres d'épaisseur et mélangez. Remettez une couche de vendange et 70 kilos de sucre traités comme la première fois, et ainsi de suite jusqu'à trois fois. Enfoncez la cuve de manière à ce que le moût surnage de quelques centimètres, et bouchez-la. Entretenez la température du local où vous faites le vin, à l'aide d'un poële, s'il en est besoin, à 14 ou 15 degrés pendant quatre ou cinq jours, et abandonnez votre cuve à elle-même pendant deux ou trois semaines, puis soutirez votre vin.

Si vous employez du sirop à 36 ou 40 degrés, faites le même calcul que ci-dessus pour connaître la quantité à ajouter ; cela fait, chauffez le moût, ajoutez-y votre sirop et agissez comme il vient d'être dit.

Nous avons vu recommander le sirop massé (*glucose massé* pour le sucrage des moûts ; il faut n'avoir aucune idée théorique et pratique en œnologie pour donner de semblables conseils. Les sirops massés sont tout au plus propres à faire de la mauvaise bière. Ils produisent une mauvaise fermentation, donnent une amertume et un goût *sui generis* des plus désagréables. D'autre part, comme ces sirops contiennent une matière semi-gommeuse, les vins résultant de ce travail sont louches et difficiles à clarifier ; puis, comme la gomme non décomposée est un aliment permanent de fermentation, ces vins tournent à l'aigre aussitôt qu'ils sont exposés à une manipulation quelconque en temps douteux ou chaud.

La concentration du moût est certainement le moyen le plus économique et le meilleur quand il ne manque que de 1 à 1 degré et demi au plus, mais au-delà, il est nécessaire de recourir au sucrage. Nous croyons que le mieux serait de combiner les deux moyens à partir d'un degré : c'est-à-dire, d'évaporer le moût pour gagner 1 degré et de sucrer pour atteindre le minimum de la densité ordinaire.

Nous ferons remarquer qu'il est de la dernière importance de ne pas faire évaporer le moût dans une chaudière libre sur le feu ; car dans cette position il contracterait un goût de fumée insupportable qui se communiquerait au vin et dont on débarasse-rait avec peine celui-ci. Il faut sceller la chaudière dans un massif de maçonnerie. Il faut également passer le moût dans un gros linge ou au travers d'un tamis, afin de séparer les râfles et les pépins.

Traitement et conservation des vins après leur souti-rage de la cuve. — S'il est facile de corriger les vices naturels du vin au moment de la vendange et dans la cuve, cela devient difficile quand ils sont fabriqués et que la fermentation est terminée.

Nous avons dit que l'addition de la matière sucrée dans le moût avait pour but d'augmenter la vinosité, puisque ce sucre est rapidement converti en alcool. Il semblerait donc, *à priori*, plus simple et peut-être moins coûteux, de se borner à ajouter de l'alcool tout fait après que le vin est soutiré : cela n'est pas aussi facile qu'on le croit. En effet, les additions que l'on fait au vin après la fermentation ne peuvent que con-stituer des mélanges; pour qu'il y ait combinaison, il faut qu'il y ait fermentation, de là la nécessité de compliquer l'addition d'alcool de l'addition d'un principe fermentescible qui puisse faire naître une légère fermentation, comme nous l'avons déjà dit, capable de produire *l'assimilation* de l'alcool, pour ainsi dire.

Nous avons fait quelques expériences sur des vins d'Argenteuil qui sont cette année d'une acidité que l'on croirait impossible si l'on ne pouvait s'en convaincre par la dégustation. La force alcoolique est nulle, et la couleur à l'état de soupçon. Ce n'est pas sans tâtonnement que nous avons opéré d'abord; mais enfin, nous avons obtenu des résultats assez satisfaisants pour nous engager à les faire connaître, et nous tenons à la disposition de ceux qui voudraient juger par eux-mêmes du vin d'Argenteuil ainsi traité : nous nous proposons de le conserver aussi longtemps qu'il sera possible, afin d'en étudier toutes les phases; mais dès aujourd'hui ce vin est très-potable et il a toute l'apparence du 1853.

Nous avons opéré de trois manières différentes, et comme il suit : nous avons pris trois fûts de vins identiquement semblables, et nous les avons désacidifiés; puis nous avons soumis chacun à un traitement particulier.

<pre>
N° 1. Vin désacidifié.................... 220 litres.
      Sirop de fécule....,.............   5 kilos.
      Lie fraîche (dépôt)............... 10 litres.
      Teinte bordelaise.................   4 litres.
</pre>

Nous avons mêlé et agité le tout, puis nous l'avons abandonné au repos. Le lendemain, la fermentation était commencée et ce n'est qu'après trois semaines qu'elle a été terminée. A ce moment le liquide était louche, quoique plus vineux, une certaine portion du sucre n'était pas encore décomposée.

<pre>
N° 2. Vin désacidifié................... 220 litres.
      Sirop de fécule..................   2 kilos.
</pre>

<pre>
Sucre............................... 3 kilos.
Lie fraîche (dépôt)................. 10 litres.
Teinte bordelaise................... 4 litres.
</pre>

Nous avons fait dissoudre le sucre dans quatre litres de vin légèrement chauffé (à 65°) et nous avons opéré comme ci-dessus. Après le même espace de temps, la fermentation était terminée et le vin plus vineux que le n° 1, plus agréable, mais encore légèrement louche. Il contenait encore des traces de sucre non décomposé.

<pre>
N° 3. Vin désacidifié.................... 220 litres.
      Sucre.............................. 3 kilos.
      Alcool 3|6 Montpellier............. 2 litres.
      Lie fraîche (dépôt)................ 4 litres.
      Teinte bordelaise.................. 4 litres.
      Bouquet de Pomard................. 1 flacon.
</pre>

Nous avons opéré comme ci-dessus, et ajouté l'alcool. La fermentation a été aussi sensible, et après le même laps de temps, ce vin était d'une parfaite limpidité, légèrement vineux et agréable; le bouquet avait donné un parfum très-sensible.

Aujourd'hui 26 janvier, nous venons de déguster et de faire déguster ces trois échantillons.

Le n° 1 est coloré, passablement vineux, mais il est encore louche; cependant, on lui trouve une certaine fadeur provenant du sirop de fécule qui était cependant d'une excellente qualité.

Le n° 2 est également coloré, plus vineux, plus limpide que le n° 1; on pourrait le croire collé; il est incomparablement plus limpide que celui qui n'a pas été travaillé et dont nous avons conservé échantillon.

Le n° 3 est d'une limpidité et d'un brillant parfait; il est agréable à boire, a beaucoup d'analogie avec les vins des bonnes années; il est suffisamment corsé et il ne manque pas d'une certaine finesse et d'un bouquet qui le rendent préférable aux vins naturels des moyennes années.

Nous collons ces trois fûts et nous espérons qu'avant de mettre sous presse, nous aurons encore des observations à consigner ici.

Aujourd'hui, 7 février, le n° 1 est encore louche, le n° 2 est limpide, et le n° 3 clair-fin. Nous avons collé avec la poudre anglaise.

Les lies que nous avons employées sont des dépôts de vins de 1859; elles ne contiennent que fort peu de ferment; mais il est facile de s'en procurer de plus riches. — Les lies de vin vieux, surtout, sont précieuses tant sous ce rapport que sous celui du bouquet et de la sève qu'elles donnent; celles du vin blanc sont préférables encore. Les lies provenant du collage à la poudre anglaise produisent des merveilles.—On sait du reste l'influence qu'ont les vieilles lies sur les vins nouveaux, c'est sur ce fait qu'est basé le *vieillissement* dont nous avons indiqué le procédé dans le *Traité de l'amélioration des liquides.*

Si l'on ne pouvait se procurer des lies fraîches, il faudrait tourner la difficulté, et recourir au tartre brut (gravelle) en donnant la préférence au blanc.

Voici alors la formule que l'on devrait suivre :

Vin désacidifié........................	1 pièce.
Tartre brut dissous dans du vin tiède.......	600 gr.
Sucre ou cassonnade...	1 kilo.
Teinte bordelaise......................	3 litres.
Alcool..............................	2 litres.
Bouquet de Pomard ou de Médoc...........	1 flacon.

Opérez comme ci-dessus. Laissez reposer quinze jours ou trois semaines si vous n'êtes pas pressé; puis, collez à la poudre anglaise et soutirez au besoin.

On pourrait aussi recourir à cette formule :

Vin désacidifié.........................	200 litres.
Vin du midi...........................	22 litres.
Alcool...............................	1 litre.
Sucre ou cassonnade....................	2 kil.
Tartre brut...........................	300 gr.
Sirop blond de raisin...................	4 kilos.
Bouquet de Pomard....................	1 flacon.

Laissez reposer pendant un mois et collez à la poudre anglaise. Ce temps serait à peu près suffisant pour qu'il s'établît une légère fermentation et que la décomposition du sucre pût avoir lieu.

Enfin, on pourrait faire encore :

Vin désacidifié....................	210 litres.
Vin du midi très-noir...................	10 litres.
Teinte bordelaise......................	3 litres.
Alcool...............................	3 litres.
Sucre ou cassonnade...................	1 kilo.
Bouquet de Pomard ou autre.............	1 flacon.

Opérez comme ci-dessus.

Notez qu'on peut remplacer le Pomard par tout autre bouquet ; l'adjonction de cette préparation ayant pour but principal d'augmenter la vinosité ou plutôt le *goût de vin*, comme l'on dit vulgairement. Mais qu'on n'oublie pas l'action conservatrice que ces bouquets ont sur les vins. L'action de la sève de Beaune est telle que nous avons conservé un litre d'eau en parfait état pendant trois mois d'été avec l'adjonction de quelques grammes de cette liqueur.

Si l'on opérait sur du vin qui ne fût que médiocre, et que l'on eût des vins du midi à sa disposition, on pourrait employer la formule que voici :

Vin nouveau désacidifié......................	152 litres.
Vin du midi.............................	60 litres.
Vin blanc d°...........................	14 litres.
Teinte bordelaise......................	2 litres.
Sel gris..............................	100 gr.
Pomard...............................	1 flacon.

Opérez comme ci-dessus, et collez à la poudre anglaise, après quinze jours de repos.

Ou bien encore :

Vin désacidifié..,......................	188 litres.
Vin du midi..........................	30 litres.
Vin blanc............................	6 litres.
Teinte bordelaise..,....................	3 litres.
Pomard...............................	1 flacon.

Opérez comme ci-dessus.

Les bouquets que l'on ajoute aux coupages ont pour but de fondre le mélange et de lui donner le parfum du vin vieux. C'est une précaution que ne doit pas négliger un négociant habile.

Il y a un vin en Espagne qui possède un bouquet tellement intense qu'il en est désagréable. Sa sève est si forte qu'on en conserve le goût vingt minutes après l'avoir dégusté, et qu'il est à peu près impossible de le boire pur. Ces qualités ne sont plus que des défauts; mais on utilise ces vins en Belgique et dans le midi, pour donner du bouquet et de la sève à ceux qui en manquent. A Bordeaux, on en emploie une certaine quantité.

Voici la formule que l'on devra employer dans les sortes de coupages que nous recommandons :

Bon vin désacidifié ou vin vieux............	1 pièce.
Vin d'Espagne............	10 litres.
Alcool............	2 litres.
Sucre ou cassonnade blanche.....	1 kilo.
Teinte...........	3 litres.
Bouquet de Bordeaux.....................	1 litre.
Poudre anglaise.........................	30 gr.

Opérez comme ci-dessus.

Ces sortes de vins sont assez rares; pour la facilité de nos clients, nous nous proposons de nous en procurer pour leur en fournir des échantillons de 15 à 20 litres.

Ainsi que nous l'avons dit à l'article *Mélange des vins*, on ne peut fixer à l'avance, d'une manière exacte, la quantité de chaque vin qui doit entrer dans les coupages; cela dépend de la couleur, de la vinosité, du mordant et de l'action que les vins exercent réciproquement les uns sur les autres. Les quantités que nous donnons sont approximatives seulement;

mais elles se rapprochent tellement des quantités réelles que nous sommes assuré qu'il ne faudra pas une grande correction pour atteindre le résultat voulu.

Toutefois, il ne faut pas perdre de vue que chaque année les proportions peuvent changer.

La désacidification préalable est indispensable si on agit sur des vins de 1860 ; elle est même nécessaire sur tous les vins nouveaux en général, si on veut restreindre l'usage des vins forts et colorés que les vins nouveaux *mangent*, pour nous servir d'un terme consacré, plus ou moins rapidement.

Quelle que soit la maturité du raisin, les vins du nord ont toujours, et tous les ans, un excès d'acide dont il faut les dépouiller avant de les soumettre aux coupages tant qu'ils n'ont pas perdu leur dureté. Il n'y a qu'une seule exception, c'est dans le cas où l'on ferait des coupages avec des vins pâteux, lourds, sans montant.

Si les vins doivent être consommés en nature, à plus forte raison il faut les désacidifier, et cela en tout temps ; la désacidification ayant le double effet d'adoucir et de clarifier.

DU VIN MUET.

Utilité du vin muet.—Mode de fabrication.—Du vin muet
artificiel.

Utilité du vin muet. — Le vin muet sert à exciter la fermentation dans les coupages, qui conserveraient sans cela la saveur particulière à chaque vin mélangé; de telle sorte que le dégustateur distinguerait toutes les saveurs l'une après l'autre. Pour que le coupage ne forme plus qu'un seul vin, il faut qu'il y ait combinaison, et il ne peut y avoir combinaison sans fermentation ou sans un repos très-prolongé souvent de trois, quatre mois et même plus. Le vin muet dispense d'attendre aussi longtemps pour la vente des coupages, puisqu'il produit en huit jours ce que le repos ne ferait pas en trois ou quatre mois. De plus, il vieillit, fond les coupages et leur donne un certain bouquet, du moëlleux et de la mâche.

Fabrication du vin muet. — Pour préparer le vin muet, on presse et foule la vendange qu'on a soin de choisir bien belle et bien mûre, et on colle de suite ce vin pour l'empêcher de fermenter; on jette le moût dans des tonneaux qu'on remplit au quart, on brûle plusieurs mêches dessus, on bouche et l'on agite fortement la futaille jusqu'à ce qu'il ne s'éhappe plus de

C*

gaz par la bonde lorsqu'on l'ouvre. On augmente alors la quantité de moût; puis, on brûle de nouvelles mèches et on agite comme la premiere fois. L'on continue ainsi jusqu'à ce que le fût soit rempli. Ce moût ne fermente jamais; il a une saveur douceâtre, une forte odeur de soufre. Si on y mêle de l'alcool, on obtient un vin très-liquoreux que l'on désigne sous le nom de *calabre*, et qui sert à donner de la force et de la douceur aux vins qui en manquent; son plus grand emploi est dans la fabrication des vins de liqueurs.

Vin muet artificiel. — Quand on n'a pas de vin muet, on peut le remplacer jusqu'à un certain point par le sucré qu'on fait dissoudre dans moitié de son poids d'eau bouillante; mais, comme ce sirop manque de principe fermentescible, il faut ajouter au mélange une certaine quantité de vin du nord nouveau et dur, ou de la lie fraîche de ces vins, après qu'ils ont subi déjà un soutirage.

DES PRODUITS OENOLOGIQUES.

Il est des produits œnologiques comme de beaucoup d'autres choses; les uns les considèrent comme

une falsification, les autres comme d'une utilité con-
testable ; enfin, d'autres comme étant d'une très-
grande ressource et d'une grande utilité.

Les produits œnologiques ne sont pas et ne peuvent pas être une falsification, par la raison qu'ils
n'augmentent pas la quantité de la chose vendue ;
qu'ils ne contiennent rien de nuisible et qu'ils sont
une amélioration comme le sont la clarification, le
soufrage, le vinage, etc. Il y a longtemps que l'emploi
de ces produits existe ; il y a longtemps que leur
usage est non-seulement toléré, permis, mais même
encouragé et recompensé comme chose d'utilité gé-
nérale et reconnue.

Si l'on met un bouquet de Pomard dans une pièce
de vin et qu'on le déguste immédiatement ou le lendemain, on lui trouvera un goût étrange, peu agréable et qui n'a aucune analogie avec celui des vins
vieux de Bourgogne ; il est sec, tranché, insolite.
Mais, si l'on attend huit ou quinze jours et que
l'on déguste de nouveau, on reconnaîtra qu'un grand
changement s'est opéré ; l'odeur et la saveur se sont
étendues, affinées, adoucies, fondues ; elles ont gagné
de la suavité et de la finesse. Il faut savoir attendre et
employer ces produits. Rien de plus facile ; il suffit
de suivre exactement la manière indiquée sur l'éti-
quette du flacon ou des paquets.

Nous connaissons un grand nombre de maisons
qui ne vendent pas une pièce de vin sans y ajouter

soit un bouquet, soit une sève, soit la moitié même d'une dose; elles trouvent ainsi, et avec le concours de nos agents de clarification, le moyen de rendre potables et même agréables des vins qui sont repoussés en raison de leur mauvais goût, et dont leurs confrères ne savent tirer aucun profit.

Les produits ou préparations œnologiques ont un autre côté très-important. Il y a d'excellents vins par leur constitution qui n'ont ni sève ni bouquet; il y a des vins vieux et fins qui perdent subitement leur bouquet soit par une cause, soit par une autre, soit par l'addition de quelques litres d'un vin autre appliqué à leur remplissage: dans cet état ils ont perdu toute leur valeur. Eh bien! un simple bouquet de Pomard ou une sève de Beaune leur rend sève et bouquet en quelques jours.

Il y a des vins trop alcooliques dont le bouquet est masqué par l'alcool: l'emploi du bouquet artificiel le fait ressortir aussitôt. En général, on peut dire que ces préparations donnent du parfum aux vins, le goût des vins vieux et qu'ils exaltent le bouquet et la sève naturels.

Nos lecteurs nous sauront gré de leur donner ici la liste des préparations œnologiques les plus usitées et leur prix: nous le faisons donc avec toute certitude de faire une chose utile.

LISTE

DES PRINCIPAUX PRODUITS OENOLOGIQUES

POUR L'AMÉLIORATION DES VINS.

Ambréine, pour donner aux vins nouveaux la couleur jaune du vin vieux, la dose pour 230 litres................. 1 fr. 50

Bouquet œnanthique du Midi, pour enlever aux vins du midi et du centre, leur goût particulier, leur donner de la finesse, de la fraîcheur, du bouquet et la sève des vins vieux. Le flacon pour 230 litres....................... 2 fr.

Bouquet de Pomard et de Bourgogne. Le flacon pour 230 litres....................... 3 fr.

Bouquet de raisin ou de cognac donne aux eaux-de-vie de grains le goût et le bouquet des Cognacs, *succès garanti,* la dose pour 100 litres....................... 6 fr.

Carmin liquide, pour la coloration en rose et en rouge, le litre....................... 4 fr. 50

Charentaise, pour colorer les eaux-de-vie de vin, leur donner le goût et la couleur des eaux-de-vie de la Charente, le litre pour 12 hect....................... 7 fr.

Colle conservatrice des vins, pour les clarifier, les conserver, prévenir et arrêter l'aigre, la pousse, etc., le demi-kilo pour 20 pièces....................... 5 fr.

Désacidifieur pour détruire l'excès d'acide des vins nouveaux, les adoucir et les conserver; le demi-kilo pour 3 pièces.. 5 fr.

Essence de Cognac (*garantie*). Communique aux eaux-de-vie de betteraves et de grains le goût des Cognacs. Le flacon pour 100 litres....................... 5 fr.

Essences de Madère, Muscat, Malaga, Alicante, Vermouth, Porto, Lacryma-Christi, Grenache, Xérès, Tokai, etc., pour les fabriquer avec du vin ordinaire. La dose pour 25 litres....................... 6 fr.

Essence de Rhum, essence de Kirsch, extrait concentré d'absinthe, pour les faire avec de l'alcool, la dose pour 50 litres....................... 6 fr.

Essence de vinaigre. — En versant cette essence dans 88 litres d'eau potable, on obtient 100 litres de vinaigre. La dose (12 litres) logée.. 17 50

Essence de vinaigre, type Orléans dose pour 100 litres, logée....................................... 20 fr.

Éther de Fine champagne, donne aux eaux-de-vie de betteraves le goût des fines champagnes, le flacon pour 100 litres.. 6 fr.

Extraits parfumés, pour fabriquer les liqueurs, telles que anisette, chartreuse, raspail, curaçao, noyaux, bitter; plaisir des dames, parfait-amour, rosolio, huile de rose, vespétro, vanille, Mézenc, garus, eau divine, génépi des Alpes, etc.; etc. La dose pour 25 litres.. 4 fr.

Extrait de Bordeaux ou Sève de Médoc. Un flacon suffit pour donner le bouquet des vins du Médoc à une barrique de 230 litres. Prix................................... 2 fr.

Gélatine épurée pour la clarification des vins nouveaux, inodore et ne décolorant pas (nouveau procédé), le demi-kilo 3 fr.

Huile d'Armagnac, pour donner aux eaux-de-vie de betteraves et de grains le goût des Armagnacs, le flacon pour un hectolitre.. 4 fr.

Maladies des vins (Indiquer la maladie.)

Vin gras, dose pour guérir 230 litres................. 1 fr.

Vin absinthé ou *poussé, aigre* ou *amer, éventé, moisi* ou *ranco*
3 fr.

Poudre anglaise pour clarifier les vins, les bonifier et augmenter de suite leur bouquet. Le demi-kilo, pour 30 à 40 pièces... 5 fr.

Poudre des vins de Bordeaux et de la Gironde, pour clarifier les vins de Bordeaux, le demi-kilo, pour 30 à 35 barriques.. 5 fr.

Poudre des vins de Bourgogne, pour les clarifier, les conserver et les dépouiller, le demi-kil. pour 30 à 35 pièces de 230 litres... 5 fr.

Poudre des vins du Midi, pour les clarifier, les conserver et arrêter l'aigre, le demi-kilo pour 25 pièces........... 5 fr.

Poudre décolorante pour décolorer et clarifier les vins blancs et vinaigres, le demi-kilo pour 20 pièces......... 5 fr.

Poudre graduée, système Jullien, pour la clarification et la bonification des vins; prix du demi-kilo, pour clarifier de 25 à 30 pièces.. 5 fr.

No 1, clarifie tous les vins rouges. No 2, les vins nouveaux. No 3, les vins gras. No 4, ceux qui ont un goût de terroir ou de fût. Le paquet pour 230 litres : no 1, 25 c., — no 2, 40 c., — no 3, 50 c., — no 4, 60 centimes.

Rancio. Un flacon suffit pour vieillir un hectolitre d'eau-de-vie nouvelle de vin ou de marc, faire disparaître le goût du terroir. Prix du flacon................................... 5 fr.

Rancio des vins, donnant indistinctement à tous les vins le goût de vieux (*Rancio*) si recherché ; le demi-litre pour 230 litres .... 4 fr.

Sève de Beaune, pour donner aux vins le goût et le bouquet des vins de la côte de Beaune, le flacon pour 230 lit. 3 fr.

Sève de Chablis, pour donner aux vins blancs le montant et le bouquet des vins fins de Chablis. Le flacon pour 230 litres.
2 fr. 50

Sève de Médoc (dite Saint Julien), pour donner du parfum aux vins, augmenter leur bouquet ; le flacon pour 230 lit. 1 fr 25

Sève des vins blancs vieux, donne aux vins blancs ordinaires le bouquet et la sève des vins fins et vieux ; le flacon pour 230 litres... 2 fr.

Sève de Sillery, pour donner aux vins blancs le goût, le parfum et les qualités des meilleurs vins de Champagne. Ce produit est indispensable pour la fabrication des vins mousseux. Prix du flacon pour 230 litres............................... 5 fr.

Sirop de raisin, les 100 kilos, net............... 110 fr.

Tablettes de gélatine pour vins, purifiée et inodore (économie de 50 pour 100 sur les gélatines du commerce), le demi-kilo... 3 fr.

Teinte bordelaise, pour colorer et conserver les vins. No 1, net, l'hectol................................ 130 fr.; no 2, 110 fr.

Teinte conservatrice des vins, pour la coloration des vins. L'hectolitre, net................ no 1, 115 fr.; no 2, 100 fr.

Vieillisseur des vins. Vieillit, adoucit et clarifie les vins nouveaux en quelques jours. Prix du flacon pour une pièce de 230 litres... 3 fr.

NOTA. Ces produits sont fabriqués par MM. Lebeuf et Comp., à Argenteuil, près Paris. Ils ont des dépôts à Paris pour le service de la ville ; mais on devra s'adresser directement à Argenteuil, s'il s'agit d'expédition.

TABLE DES MATIÈRES

Paris. — Typ. Gaittet, rue Git-le-Cœur, 5 et 7.

Paris. — Typ. Gaittet, rue Git-le-Cœur, 7.